Die Ausführung

von

Haus-Gas- und Wasser-Einrichtungen

durch Gemeindeanstalten.

Von

Otto Bergen,

Direktor des städt. Gas- und Wasserwerkes Giefsen.

Sonderabdruck aus dem „Journal für Gasbeleuchtung und Wasserversorgung".

Herausgegeben von Dr. H. Bunte in Karlsruhe.

München und **Berlin.**

Druck und Verlag von R. Oldenbourg.

1903.

Die Ausführung von Haus-Gas- und Wasser-Einrichtungen durch Gemeindeanstalten.[1])

Herr Direktor Otto Bergen in Gießen.

Der Vorstand des Mittelrheinischen Gas- und Wasser-fachmänner-Vereins hat es sich in den letzten Jahren zur besonderen Aufgabe gestellt, denjenigen fachwirtschaftlichen und fachwissenschaftlichen Fragen, welche die Verwaltung und den Betrieb, namentlich kleinerer und mittlerer Werke, besonders berühren, für die Folge eine erhöhte Aufmerksamkeit zu schenken, um namentlich auch den Vertretern kleinerer Werke Nützliches und Anregendes zu bieten und deren Interesse für die Aufgaben und Ziele des Zweigvereins immer mehr zu gewinnen. Ich möchte deshalb heute sprechen über die Ausführung von Haus-Gas- und Wasser-Einrichtungen durch Gemeindeanstalten.

Bei der Bewegung und Erregung, welche namentlich seit den letzten 4 Jahren in den beteiligten Kreisen in dieser Frage herrscht, bedarf die Zweckmäßigkeit einer möglichst umfassenden Beleuchtung der wichtigen Frage des Einrichtungswesens, welche nicht allein einschneidend die Verhältnisse der kleinsten und mittleren Betriebe, sondern auch manch größerer Werke berührt, wohl keiner weiteren Begründung.

---

[1]) Erweiterte Form des Vortrags. Der Gegenstand desselben ist inzwischen auch durch die ›Denkschrift‹ des Hauptvereins (vgl. Journ. für Gasbel. 1893, Nr. 16, S. 301) eingehend beleuchtet worden.

Der Umstand, daſs ich die Entwicklung des gesamten Gas- und Wassereinrichtungswesens in einer zusehends aufblühenden Stadt von jetzt angehend mittlerer Gröſse seit den ersten bescheidenen Anfängen dieses Geschäftszweiges bis zu seiner gegenwärtig erreichten, allen höheren Anforderungen entsprechenden Vollendung — letztere namentlich veranlaſst durch mehrere Jahrzehnte hindurch stattgehabte zahlreiche groſse Neubauten, als Universitätsgebäude, staatliche und städtische Verwaltungsgebäude, Krankenhäuser, Kasernen, Schulen, Kirchen, Bahnhofsanlagen, zahlreiche gröſsere Herrschaftshäuser u. s. w. — in allen, groſsenteils unserem Werk übertragenen Ausführungsarten gründlich kennen zu lernen Gelegenheit hatte, und der weitere Umstand, daſs neben anderen bei dieser Frage in Betracht kommenden und in jedem besonderen Falle zu würdigenden mitausschlaggebenden Gesichtspunkten, namentlich auch die Gröſsen- und Konsumverhältnisse der Stadt Gieſsen mit gegenwärtig rd. 27000 Einwohnern, 1 500 000 cbm jährlichen Gasverbrauch und 750 000 cbm jährlichen Wasserförderung, beispielsweise Verhältnisse kennzeichnen, wie sie mehr oder weniger ähnlich in zahlreichen anderen mittleren und kleineren Städten vorliegen, dürfte mich einigermaſsen berufen erscheinen lassen, über diese jetzt aktuelle Frage zu sprechen, welche sich in Anbetracht der bestehenden Bewegung kurzer Hand bestimmter so ausdrücken läſst:

»Sollen die Gemeindeanstalten überhaupt Haus-Gas- und Wassereinrichtungen ausführen oder nicht?«

Bei der rührigen, immer weitere Wellen ziehenden Agitation, mit welcher die gröſseren Verbände der Spengler, Installateure u. s. w. sowie zahlreiche örtliche Fachvereinigungen derselben, eifrigst unterstützt durch ihre Fachorgane, wie »Fachzeitung für Blechbearbeitung und Installation« und »Voran« und zahlreiche in die Tagespresse eingeflochtene Berichte gegen die Ausführung von Installationsarbeiten aller Art durch Gemeindeanstalten — etwa mit einziger Ausnahme solcher für Gemeindehäuser selbst — vorgehen, dürfte es jetzt hohe Zeit sein, daſs auch

die kleineren und gröfseren Vereinigungen von
Gas- und Wasserfachmännern »als solche« möglichst alle bei dieser wichtigen Frage in Betracht
kommenden Gesichtspunkte gründlich beleuchten
und unter Veröffentlichung ihrer hierauf bezüglichen Verhandlungen eine offizielle Stellung zu dieser Frage vorbereiten
und kundgeben, um auf diese Weise nicht nur den Verwaltungen zahlreicher Städte, wo diese Frage zur Zeit schwebt,
auch von dem »andern Teil«, welchen es angeht, willkommene
und beachtenswerte Unterlagen für die Behandlung und Entscheidung dieser Frage an die Hand zu geben, sondern auch,
um allen gröfseren hierbei beteiligten Kreisen,
wozu nicht allein die grofse Menge aller beteiligten
Konsumenten und Hausbesitzer, sondern die gesamte
»steuerzahlende Einwohnerschaft« eines Ge-
meindewesens gehört, in die Möglichkeit zu setzen, sich
ein selbständiges, allen berechtigten Interessen Rechnung
tragendes umfassendes Urteil zu bilden, und hiernach Stellung
zu dieser wichtigen fachwirtschaftlichen Frage zu nehmen.

   »Audiatur et altera pars« — »man höre auch
den anderen Teil«, diesem unerschütterlichen Rechtsgrundsatz mufs auch bei der Entscheidung dieser, die Interessen genannter Kreise tief berührenden Frage selbstverständlich gewissenhaft Rechnung getragen werden, wie es sich
auch selbstredend empfiehlt, überall, wo diese Frage zur Zeit
schwebt oder schon zur Entscheidung steht, alle entgegen-
stehenden Ansichten in sachlicher — nicht persönlich ver-
letzender — Weise vorzutragen, sonst werden eingehendere
Verhandlungen erschwert, ja unmöglich gemacht, und es
könnten Zustände daraus hervorgehen, welche für beide Teile
vielleicht dauernd ungemütlich sind. Zwecks Behandlung
dieser Frage in der entscheidenden Körperschaft einer Ge-
meindeverwaltung sollte Kenntnisnahme aller Gesichtspunkte für und wider, aufgestellt einerseits von den be-
rufenen Organen der betr. städtischen Verwaltungszweige,
anderseits von den Vertretern der Privatinstallateure voraus-
gegangen sein, und da dies nur mittels umfangreicher Aus-
arbeitungen und Vorlage statistischen Materials geschehen

kann, welche Schriftstücke in ihrer ganzen Ausdehnung in einer einzigen oder wenigen Sitzungen kaum zur Verlesung, geschweige zur eingehenden Verhandlung gelangen können, so empfiehlt es sich meines bescheidenen Erachtens um so mehr, sämtlichen Mitgliedern eines Gemeindevorstandes am besten durch vorherige Drucklegung aller wesentlichsten Teile der Berichte rechtzeitig eingehendere Kenntnis zu geben, als bei etwa nur von einer beteiligten Seite stattgehabten und verteilten Veröffentlichungen die Entscheidung zum Schaden einer gründlichen Erörterung und zum Verdrufs der gegenseitigen Vertreter — entgegen dem obigen Rechtsgrundsatz — auch einseitig beeinflufst werden würde. — Auch sonstige inkorrekte Formen bezüglich Veröffentlichungen und deren Verbreitung müssen im Interesse eines möglichst ruhigen Austrags der Sache vermieden werden. (Hierhin gehört z. B. ein mir bekannter Fall, in welchem irgendwo ein Kollege in einer verteilten Druckschrift persönlich angegriffen wurde, ohne dem Angegriffenen selbst, wie es doch schicklich gewesen wäre, auch ein Exemplar dieses grofsenteils gegen ihn gerichteten Schriftstückes zuzustellen, so dafs dieser erst viel später von anderer Seite Kenntnis und Gelegenheit erhielt, die Angriffe gebührend zurückzuweisen.)

Die Privatinstallateure bezeichnen die Ausübung des Geschäftszweiges der Installation seitens der Gemeindeanstalten schlechthin als eine »unberechtigte Konkurrenz«. — Unberechtigt ist die Ausführung von Installationsarbeiten durch im städtischen oder Privatbesitz befindliche Gas- und Wasserwerksbetriebe nach § 1 der Gewerbeordnung für das Deutsche Reich einfach nicht! — Es könnte dagegen wohl die Frage aufgeworfen werden, ob dieser städtische Geschäftszweig etwa aus Rücksichten der Billigkeit gegen andere Gewerbetreibende entweder gänzlich aufzugeben oder irgendwie einzuschränken sei? — Diese Betrachtung erfordert zunächst, wenigstens einen flüchtigen Rückblick zu werfen auf die Entwicklungsgeschichte des gesamten Gas- und Wasser-Installationswesens überhaupt.

Die Einführung der Gasbeleuchtung für allgemeine Zwecke

datiert in Deutschland für die gröfseren Städte seit etwa
75 Jahren, für die meisten mittleren und kleineren Städte
seit etwa 30 bis 50 Jahren. Die vielen, früher grofsenteils im
Privat- oder Gesellschaftsbesitz gewesenen Gaswerke hatten
bis dahin das Installationsgeschäft hauptsächlich z w e c k s
»Förderung des Gasabsatzes« in gröfstem Umfang
selbst betrieben und betreiben müssen; die Privatgeschäfte, welche erst allmählich meistens in nur gröfseren Städten
das Gas-Installationswesen ausübten, waren aber damals meist
»Spezialisten« auf dem Gebiet dieses ihrerseits ausschliefs-
lichen betriebenen Berufs und nicht zugleich — wie dies
heute meist der Fall — auch mit anderen Handwerken beschäftigt. In den meisten mittelgrofsen Städten entstanden
namentlich erst seit Einführung der Gewerbefreiheit
allmählich mehr Privat-Installationsgeschäfte, aber
meist als »Nebenzweig« eines älteren Hauptgeschäfts
(Gürtler, Spengler, Schlosser u. s. w.). Ausschliefslich mit
Haus-Wassereinrichtungen hatten sich anfänglich gröfsere
Spezialgeschäfte und allmählich mit dem Entstehen zahlreicher
Wasserwerke auch Privatinstallateure umfangreicher beteiligt.
Die gleichzeitige Ausübung des gesamten Gas- und
Wasser-Installationsgewerbes durch jetzt zahlreiche Privatinstallateure datiert bei den älteren Geschäften seit Bestehen
der Gewerbefreiheit, bei den allermeisten derselben ohne
Zweifel aber erst aus den letzten Jahren. So tauchen
in zahlreichen Städten immer wieder »Installationsgeschäfte«
auf, an vielen Orten wahrscheinlich weit über das Bedürfnis
hinausgehend! Die Gas- und Wasserwerke können und dürfen
diesen Privatbetrieb natürlich nicht hindern, sie können und
müssen aber Bedingungen stellen und Vorschriften erlassen, welche eine fachgemäfse Ausführung
der Einrichtung gewähren, einen ordnungsmäfsigen ökonomischen Gebrauch des Gases und des Wassers ermöglichen
und die Interessen sowohl der Gemeinden, als Besitzerin
der Anstalten, wie der Hausbesitzer und der Konsumenten gleichmäfsig schützen; — in allen diesen Bedingungen
und Vorschriften nicht entsprechenden Fällen sind die Verwaltungen gesetzlich berechtigt und amtlich ver-

pflichtet, die Abgabe von Gas und Wasser bezw. den Anschluß an das städtische Rohrnetz so lange zu verweigern, bis Wandel geschaffen ist. — In dieser Beziehung besteht vollständige Gleichförmigkeit hinsichtlich der Haus-Gas- und der Wassereinrichtungen. (Vgl. »Die Ausführung von Installationsarbeiten durch Gemeindeanstalten«, oberamtsgerichtliche Entscheidung in Schwäbisch-Gmünd, Journ. für Gasbeleuchtung und Wasserversorgung vom 12. März 1898.)

Die zahlreichen Gas- und viele Wasserwerksbetriebe — nicht allein die im Gemeindebesitz, sondern auch die im Privatbesitz und die den Gesellschaften gehörenden Anstalten — haben oft mehrere Generationen hindurch das Einrichtungswesen als einen mit dem Hauptbetrieb auf das Engste verbundenen Geschäftszweig betrieben. Wenn diese Anstalten, insbesondere aus »triftigen Gründen eines rationellen Hauptbetriebes selbst«, es für zweckdienlich halten, diesen ihrerseits seit Jahrzehnten betriebenen und zu höherer Vollkommenheit gebrachten Geschäftszweig in dem Hauptbetrieb zur Lebenskraft dienenden »angemessenem Umfang« weiter zu betreiben — kann derselbe alsdann billigerweise von den Vertretern der heutigen Privatinstallation als »unberechtigt« beanstandet werden?

Wie hätte schon vor vielen Jahrzehnten ein Unternehmer von Gemeinde-Gasanstalten, wie z. B. Riedinger-Augsburg, die zur Rentabilität der Gaswerke erforderliche Zahl von Gaskonsumenten gewinnen können, wenn er diese Werke nicht seit Beginn des Baues schon mit gut geschulten Gasinstallateuren versorgt hätte? — Wie kann da eine jüngere und jüngste Generation von Privatinstallateuren, welche vergleichsweise erst seit viel kürzerer Zeit sich mit dem Fache beschäftigt bezw. mehr oder weniger bekannt gemacht hat, einem durch seine ganze Vergangenheit berechtigten, hoch entwickelten Berufszweig zahlreicher Gemeindeanstalten den Vorwurf unberechtigter Konkurrenz machen?

Wie bereits bemerkt, kommen hinsichtlich des Einrichtungsgeschäftes außer der Größe der Einwohnerzahl und der Abgabe von Gas und Wasser auch besondere örtliche

Verhältnisse, überhaupt der gesamte übrige Charakter der betr. Stadt in Betracht, wenn eine richtige, zweckmäſsige Entscheidung über Beibehaltung, Beschränkung oder vollständige Aufgabe des Installationsbetriebs getroffen werden soll. — Die Stadt Gieſsen z. B. befindet sich seit fast ¼ Jahrhundert, wie bereits angedeutet, in besonders reger öffentlicher und privater baulicher Entwickelung. Nicht allein die eingangs erwähnten zahlreichen und in jeder Beziehung auf das Vollkommenste eingerichteten gröſseren Bauwerke sind in diesem Zeitraum entstanden, sondern die Ausführung einer weiteren Reihe ähnlicher Bauwerke steht noch bevor. — Eine umfassende Kanalisationsanlage ist z. B. in Ausführung begriffen, bezüglich welcher die Hausanschlüsse obligatorisch vorgeschrieben sind, infolgedessen auf Jahre hinaus ein vermehrter Bedarf an Hauswasserleitungen mit besonderen Vorschriften entsprechenden Kloseteinrichtungen sich geltend machen wird, wobei eine Mitbeteiligung der städtischen Anstalt nur im allgemeinen Interesse liegen dürfte; ein aus besonderen Gründen der Verwaltung alsbald errichtetes städtisches Elektrizitätswerk ist eröffnet worden, welches unserem Gaswerk allerdings den gröſsten Konsumenten, die sehr ausgedehnte, eine grofse Lichtmenge verbrauchende Bahnhofsanlage abgeschnitten, auch gröſsere staatliche Gebäude und eine Reihe anderer seitheriger Gaskonsumenten bereits angeschlossen hat oder anzuschlieſsen im Begriff steht. Wenn auch der hierdurch entstandene namhafte Ausfall im Gaskonsum voraussichtlich bald wieder ausgeglichen werden kann, so ist doch das betr. Gasäquivalent genannter Verbrauchsstellen selbst uneinbringlich verloren, und muſs deshalb seitens des allmählich erweiterten und für eine angemessene gröſsere Gaserzeugung eingerichteten Gaswerks alles aufgeboten werden, um neue Gasabsatzgebiete, namentlich auch in kleineren Verhältnissen, zu erobern, um das Gaswerk vollwertig auszunutzen. Zu dieser besonderen Aufgabe, wie zur Vermehrung des Gasverbrauchs überhaupt, gehört aber nach dem Urteil aller erfahrenen Fachmänner wenigstens ein angemessener Mitbetrieb des Gaseinrichtungsgeschäftes durch das Gaswerk selbst. Die ständige Ver-

bindung und Fühlung der Gaswerksverwaltung
mit dem Interessenten- und Kundenkreis darf
nicht unterbrochen werden, um mit Anregungen,
Belehrungen, Hinweisen auf bewährte und neuere Konstruktionen und technischen Auskünften aller Art in umfangreicher
wirksamster Weise dienen und so die Lebensinteressen der
Gemeindeanstalt fördern zu können. Unsere Baubehörden:
das staatliche Hochbauamt, das Universitätsbauamt, die Eisen-
bahnbehörde, die Provinzial- und die städtische Baubehörde,
nicht zum mindesten die auf dem Gebiete des höheren Installationswesens gut orientierten Direktoren und Professoren
der Universitätsinstitute, stellen alle die höchsten Anforderungen an die Verfertiger ihrer Gas- und Wasserinstallationen, und müssen letztere stets mit dem jeweils Zweck-
entsprechendsten und Vollkommensten versehen werden, was
das Fach bietet. Das physikalische, das chemische und das
hygienische Institut wie die anderen hiesigen höheren Lehr-
anstalten haben eine Reihe unserseits besonders für sie an-
gefertigter, mit der Leitung in organischem Zusammenhang
stehender mechanischer Einrichtungen und Apparate erfordert,
es mußten unserseits zahlreiche, oft sehr zeitraubende Aus-
führungspläne und Detailzeichnungen vor Beginn der Arbeiten
ausgeführt und letztere fertig veranschlagt und mit den Behörden und Bauämtern dieserhalb zahlreiche Besprechungen
und schriftliche Verhandlungen geführt, auch mancherlei ent-
scheidende Versuche zwecks Auswahl des Besten unserseits angestellt werden. Ich frage nun, ob ein solches höheres,
feineres, einzelnen Instituten und anderen Anlagen eigens
angepasstes Installationswesen in die Hand eines Privat-
installateurs von kleinerer oder selbst mittlerer Werkstätte-
und Arbeiterausrüstung paßt? Daß die oft unerbittlich an
Termine gebundenen maßgebenden Behörden solche
umfangreiche in kürzester Frist auszuführende Ein-
zelaufträge nur einem größeren, möglichst mit einem
technischen Bureau, jedenfalls aber mit Spezialisten aus-
gerüsteten Geschäft, welches auch eine ständige sach-
kundige Überwachung der Arbeitsausführungen gewährleistet,
übertragen können und dürfen, ist solchen Fachmännern ganz

unzweifelhaft, welche infolge jahrelanger Beschäftigung für
solche Behörden den Gang der Arbeiten kennen.

Es wäre ja sehr interessant und zur Aufklärung der Sache
zweckdienlich, eine amtliche Umfrage bei den oben erwähnten
Behörden, Instituts-Direktionen und Bauämtern einer Stadt
von ähnlichen Verhältnissen anzustellen, dahingehend, was
sie etwa zur vollständigen Aufhebung des Installationsbetriebs der Gas- und Wasserwerke sagen würden?
Wie die Entscheidung zur Zeit nicht nur in unserer Gegend
sondern auch an zahlreichen anderen ähnlichen Orten fallen
würde, ist mir vollständig klar, ohne daß ich mich mit
den entscheidenden Stellen in dieser Richtung je irgendwie
unterhalten hätte. Eine vollständige Aufhebung des Einrichtungsgeschäfts seitens der Gemeindeanstalten würde an den
meisten solcher Orte alsbald die über den Bedarf gehende
Niederlassung auswärtiger größerer Geschäfte oder die Grün-
dung von Filialen zur Folge haben, welche sicherlich ohne
alle Rücksichtnahme auf ältere ansässige größere und namentlich kleinere Geschäfte möglichst alle Aufträge an sich zu
bringen suchen würden, um dauernde Beschäftigung zu erhalten! — Ohne Zweifel würden die bestehenden kleineren
Geschäfte eine derartig entstehende namhafte Konkurrenz
mehr zu fürchten haben, als die im behördlicherseits vorge-
schriebenen Rahmen mitarbeitenden Gemeindeanstalten. Bei
dieser Betrachtung ist es allerdings von Interesse, daß mir
von dem Mitglied einer Fachvereinigung seinerzeit auch erklärt wurde, »solche umfangreichere Einrichtungsarbeiten
wie die oben erwähnten, deren Auftraggeber nach verschiedenen Richtungen hin besondere von dem Durchschnitts-
Privatinstallateur nicht leicht zu befriedigende Anforderungen
stellen, müßten dann wohl von ihrem — der Privatinstallateure — Arbeitsgebiet ausgeschieden werden!«

Man hat überhaupt von dem wichtigen Beruf eines
Gas- und Wasserinstallateurs, dessen Arbeit,
wenn nicht sachkundig und gewissenhaft ausgeführt die verhängnisvollsten Folgen haben kann,
was die Unfallstatistik und die von der Tagespresse verzeich-
neten zahlreichen Fälle auch beweisen, leider nicht überall

die richtige, ja häufig genug eine geradezu leicht-
fertige Vorstellung! »Installation und Installation« ist eben sehr zweierlei! Es kann doch nicht
jeder Spengler, Gürtler, Schlosser und Ladeninhaber für
Lampenverkauf etc. »als solcher« ein geborener »fachkundiger
Installateur« sein, und der Besitz etwa eines Schraubenschlüssels,
einer Lötlampe, einer Gewindschneidkluppe allein befähigt
noch nicht zur Ausübung dieses Berufs, der doch seiner
ganzen hochentwickelten Form und Bedeutung nach jedenfalls am besten als ein abgeschlossener, das Tun und Denken
seines Inhabers ausreichend beschäftigender Beruf für sich
allein betrieben und nicht von jedem beliebigen Handwerker ohne gründliche Prüfung der Frage nebengeschäft-
lich mit aufgenommen werden sollte.

Um von der vorher erwähnten »höheren Installation«, wenn man sie zur Unterscheidung von den einfacheren
Einrichtungen so bezeichnen darf, einmal abzusehen und nur
von den gewöhnlichsten Bedürfnissen einer Wohnung
oder eines mittelgrofsen Geschäfts zu sprechen, — erfordert
da nicht schon so manches: die Erwägung der Rohrweite und
der Flammenzahl, die den besonderen Zwecken angemessene
Verteilung der Flammen, die Anordnung einer Schaufenster-
einrichtung, einer Gasheizungsanlage, die Aufstellung eines
Gas-Bade- oder -Heizofens mit sorgfältiger Abführung der
Verbrennungsprodukte, einer Kloset- und Spülkastenmon-
tierung, eine jede ausgedehntere Gaseinrichtung hinsichtlich
Abstellbarkeit der einzelnen Rohrstränge, der Druckregulierung
und des ökonomischen Gasverbrauchs, die Kenntnisse eines
als »Installateur« in gründlicher Lehre tatsächlich ausge-
bildeten Fachmannes? — Die Lektüre der »Bestimmungen
und Vorschriften« allein ersetzen hier doch nicht die Lehre! —
Lassen schon derartige kleinere und mittlere Anlagen hinsichtlich ihrer fachkundigen zweckmäfsigen Ausführung wie
wir alle wissen, oft manches zu wünschen übrig, so sind hierdurch die Interessen der Gas- und Wasserwerke wie der Hausbesitzer und wohl am meisten die Interessen der Konsumenten oft
dauernd und auf das Empfindlichste geschädigt. Wieviel empfind-
licher ist dies aber der Fall auf gröfseren Verbrauchsgebieten?

Nehmen wir beispielsweise — wie ähnlich sicher schon vielfach vorgekommen — das Anwesen eines Gasthof- und Gartenbesitzers an, welcher seine ältere Gaseinrichtung mit einer wesentlichen Vergröfserung seiner Geschäftsräume angemessen zu erweitern veranlafst ist. Es soll z. B. ein grofser Festsaal, ein angebautes Theater, verschiedene Gast- zimmer, eine Privatwohnung, mehrere Fremdenzimmer, Küchen, ein grofser, schöner Wirtschaftsgarten u. s. w. zweckent- sprechend eingerichtet werden.

Trotz der vielleicht vervierfachten seitherigen Flammen- zahl wird von dem beauftragten — auch noch von aufser- halb bestellten — Installateur zunächst der alte jetzt viel zu kleine Gasmesser für »vollständig ausreichend« erklärt, die einzelnen gröfseren Abzweigungen, selbst für den sehr ausgedehnten Garten, erhalten keine besonderen Abstellhahnen, die grofse Gaskrone im Saal kann nicht für sich allein ab- gestellt werden, ohne andere Lampen mit abzuschliefsen, deren häufigere Einzelverwendung aber erwünscht wäre, Ab- teilungs-, Abschlufs- und Regulierhahnen in die teilweise ein- gelassene Rohrleitung dann nachträglich einzusetzen, verur- sacht aber grofse Aufbrüche, gesparte Wassersäcke können auch nicht eingeschaltet werden, ohne Malereien zu verletzen, und die Theaterbeleuchtung entspricht nicht den einfachsten Anforderungen der Bühnentechnik. Ist aus einer solchen Leitung ein ökonomischer Gasverbrauch überhaupt möglich, ist eine solche Gaseinrichtung, aus deren ausgedehntem aufser Aufsicht befindlichem Rohrnetz jederzeit zufällige und viel- leicht auch unachtsamerweise verursachte Gasentweichungen unbeobachtet stattfinden können, nicht eine Quelle grofsen Verlustes für den Eigentümer und die Ursache einer ganz unzureichenden Beleuchtung für die berechtigten Ansprüche des Publikums?

Dafs schon am ersten Abend der Wiederingebrauch- nahme einer solchen mangelhaften Einrichtung aber das Gaswerk — nicht der betreffende Installateur — um »so- fortige Abhilfe« ersucht wird, ist ein ebenso sicherer, wie nicht besonders angenehmer Auftrag! — Das ist z. B. eine bezüglich ihrer ersten Anlage zwar billige, aber nach längerem

Gebrauch — bis zur nötigsten Umgestaltung — recht teuere Einrichtung, abgesehen von der Summe des Verdrusses, welche sie insbesondere dem Inhaber verursacht. — Durch Verschärfung der Bestimmungen und Vorschriften für das Einrichtungswesen können solche Ausführungen zwar verringert, aber schwerlich ganz beseitigt werden, wenn seitens der Verwaltung nicht ein grofser Teil der geistigen Arbeiten für andere Geschäftsleute besorgt und solchen umfangreichen Anlagen auch während ihrer ganzen Ausführung ein schönes Stück Zeit geopfert werden soll.

Im grofsen und ganzen dürften in dieser Richtung fast allerorts gemachte ähnliche Erfahrungen der hauptsächlichste Stein des Anstofses sein, warum man sich seitens der Gemeindeanstalten nicht blindlings den Wünschen und Forderungen der Privatinstallateure fügen kann. Ich unterlasse es, Sie — aufser dem einen erwähnten Beispiel — mit Aufzählung einer längeren Reihe drastischer Beispiele ähnlicher Art, die mir infolge meiner Beschäftigung mit dieser Frage von verschiedenen auswärtigen Kollegen mitgeteilt worden sind, zu behelligen, Sie haben von diesen Mifsständen ja meistens aus eigener Erfahrung zur Beurteilung der Frage vollständig hinreichende Kenntnis. Ich verweise in dieser Beziehung nur noch auf eine in ds. Journ. vom 8. Februar 1902 enthaltene ausführlichere Abhandlung, welche in drastischen Abbildungen auf — von unkundigen »Installateuren« herrührende — fehlerhafte Wasserinstallationen hinweist und welche Mitteilungen manchem Auge vielleicht um so wertvoller sind, als sie nicht von einem Anstaltsdirektor, sondern von dem Inhaber eines gröfseren geachteten Installationsgeschäfts, Herrn W. Beielstein in Bochum herrühren. Die Fachvereinigungen der Spengler und Installateure sollten in dieser Beziehung doch nicht allzu empfindlich die Beleidigten spielen — es ist ja auch selbstverständlich nur eine bestimmte Gattung derselben gemeint —, sie sollten sich vielmehr im Interesse der Hebung ihres Faches die wohlgemeinte Mahnung eines ihrer eigenen und ersten Sachwalters, des Redakteurs des »Voran«, Organ der »Freien Vereinigung deutscher Installateure«, Herrn L. Henking in Cannstatt, zu Herzen nehmen, welcher unterm 25. Oktober 1901 wörtlich schrieb:

»Ein besonders grofses Hindernis zur Verwirklichung unserer Absichten in ganz Deutschland liegt jedoch vor, und das besteht, wie wir wohl wissen, in der Unfähigkeit so vieler Gewerbetreibender, die sich »Installateur« nennen«. — Ferner schreibt derselbe Gewährsmann unterm 8. November 1901:

»Wir verhehlen uns nicht, dafs mit dem Namen »Installateur« schwerer Mifsbrauch getrieben wird, wir wollen alles tun, um hier Wandel zu schaffen.« — Am Schlusse des betreffenden Artikels werden die Anstaltsdirektoren eingeladen, abzuhelfen, das Installationsgewerbe entsprechend seiner täglich gröfser werdenden Bedeutung von dem Ballast der Nichtfachmänner zu befreien! — Das sind aufrichtige Erklärungen von berufener Seite, welche gute Ansätze der »Hebung des Installateurstandes« in sich schliefsen!

Die am 8. und 9. Juni 1902 in Düsseldorf abgehaltene 4. Hauptversammlung der »Freien Vereinigung deutscher Installateure« erklärte bezüglich dieses Punktes, es sei anzustreben, dafs in sämtlichen Städten, wo dieses notwendig, Installationsarbeiten nur »selbständigen Installationsmeistern« übertragen werden.

Ich selbst will die Geschicklichkeit und Leistungsfähigkeit vieler Privatinstallateure — insbesondere auch der mir näher wohnenden — gar nicht bezweifeln, es liegt aber doch überall in der Natur deren Geschäftsbetriebs, dafs sie wichtigeren Installationsausführungen wohl nicht immer dieselbe umfassende, bezw. eingehende Aufsicht können angedeihen lassen, als dies in einem gut organisierten Betrieb dieses Geschäftszweiges bei den meisten Gemeindeanstalten — wie auch in gröfseren Spezialgeschäften — möglich ist.

Die Arbeiter eines namentlich kleineren Privatgeschäfts halten sich meistens auch nicht so dauernd gebunden an ihren Prinzipal, wie z. B. das Personal einer Gemeinde-

anstalt sich gerne gebunden fühlt an sein Werk. Meister,
Vorarbeiter und die dienstältesten ersten Installateure besitzen
in vielen solchen Fällen pensionsberechtigte Beamtenqualität,
die ständigen Arbeiter, bezw. ihre Familien, genießen in den
größeren hessischen Städten z. B. nach Ablauf eines gewissen
Dienstalters eine wohlwollende Fürsorge seitens der Gemeinden.

Durch gute Führung und pflichttreue Leistung sind sie
bestrebt, sich ihre Stellungen mit dieser wertvollen Aussicht
d a u e r n d zu erhalten, — ein Wechsel dieses Personals kommt
deshalb seltener vor. Bei Vorkommen mangelhafter und
pflichtwidriger Leistungen wird der Bedienstete zur Rechen-
schaft gezogen und je nach Bedeutung des Falles bestraft.
Es liegt hierin eine sichere Gewähr einer immer weiteren
Vervollkommnung des gesamten Arbeits-, insbesondere auch
des Installationspersonals wie regelrechter Arbeiten. So besitzen wir in Gießen z. B. ein Beamten- und Installationspersonal, welches eine an O r t u n d S t e l l e sich erworbene
30- und 40jährige fachmännische vielseitige Erfahrung angeeignet hat, dessen dauernde Verwendung dem
städtischen Geschäftszweig ein angesammeltes geistiges
K a p i t a l bildet, als beachtenswerter Faktor der gedeihlichen
Entwickelung der Gemeindeanstalt überhaupt.

Daß in einem umfangreichen Gemeindebetrieb — wie in
dem bestgeleiteten Geschäft jeder a n d e r e n Branche — auch
einmal eine mangelhafte Arbeitsausführung vorkommen kann,
wer von Ihnen wollte solches leugnen? Aber durch die Organisation des Betriebs, angemessene Überwachung, Belehrung
und Leitung des gesamten Arbeitspersonals, Anstellung gut
geschulter Meister, Erlaß von besonderen Vorschriften etc.,
kommen mangelhafte Arbeiten bei pflichttreuen vorsichtigen
Arbeitern — welche heranzuziehen, schon die oben erwähnte
Fürsorgeeinrichtung ihr gut Teil beiträgt — doch nur s e h r
v e r e i n z e l t vor! Während unseres nun 47jährigen Gas-
werksbetriebs ist z. B. nur e i n gröberer Fall — aber ohne
schlimmere Folgen — eines unvorsichtigen Arbeiters zu ver-
zeichnen, infolgedessen derselbe aus dem Einrichtungszweig
entfernt wurde. Ein solches Ergebnis ist bei den v i e l e n

tausenden in dieser langen Jahresreihe gefertigten Einrichtungsarbeiten doch gewifs ein Zeugnis gut geschulter
gewissenhafter Leute! — Eine gerechte Würdigung darf die
Häufigkeitszahl solcher Fälle nicht aufser Betracht
lassen.

Die Privatinstallateure bekämpfen aber nicht allein die
Ausführung von Einrichtungen, sondern namentlich auch den
Verkauf von Apparaten für Gasbeleuchtung und
Gasheizung u. s. w. seitens der Gemeindewerke.

Die Auswahl bewährtester Lampenkonstruktionen für die
verschiedensten Zwecke und Wünsche, die Feststellung der
Flammenzahl für die betreffenden Räume, bezw. der Beleuch-
tungskörper, die Gröfse und Gattung der Brenner selbst, die
Qualitäten und zweckmäfsigsten Formen der Glasglocken, Ala-
basterschirme, die Prüfung bezüglich bewährter Ausführung
und besten Materials dieser aus verschiedenen Fabriken zu
beziehenden Apparate — auch die künstlerische Beurteilung
der Formen hinsichtlich Harmonierens zur Ausstattung der
betreffenden Räume u. s. w. — dies alles sind doch Dinge,
die wohl nur selten jemand besser beurteilen kann, als das
oft in langjähriger Dienstführung erfahrene und durch ein-
schlägige Studien für ihren besonderen Wirkungskreis gut
ausgebildete Beamtenpersonal, welches solchen Werken von
Belang meistens zur Verfügung steht. Nicht minder den Konsumenten wie den Werken, die in vielen Fällen doch schliefs-
lich zur Hilfe genommen werden, macht es oft viel Verdrufs,
von anderer Seite — oft auch von auswärtigen Geschäften —
direkt bezogene Gaskronen u. s. w. in einen leidlichen Gebrauchs-
zustand zu versetzen. Dafs die wichtigen Anschlufsstücke
solcher oft mit den verschiedensten Rohrgewinden gefertigten
Lampen in die normalen Rohransätze der seitens des Gaswerks gefertigten Leitung schlecht oder gar nicht passen, dafs
die Glasglocken und Schirmausstattung der Brenner für den
betreffenden Raum oft unzweckmäfsig sind und deshalb die
Beleuchtung nicht befriedigt und ähnliche Mängel sind in
solchen Fällen, wo weder Käufer noch Verkäufer eine aus-
reichende Kenntnis der Verhältnisse besitzt, seither vielerorts
gemachte Erfahrungen. Um Gasbeleuchtungs- und Heizappa-

3

rate gebrauchsfertig zu machen, bedarf es, wie wir alle
wissen, meist etwas mehr als des »blofsen Anschraubens«
in dem Zustand, wie sie aus der Fabrik oder dem Laden
kommen. Diese Apparate müssen zuvor geprüft, gerichtet
und verdichtet und die Brenner meistens auf den örtlichen
Gasdruck eingestellt, die Beleuchtungsapparate am besten
abends im Zusammenhang mit der übrigen Beleuchtung der
betreffenden Konsumstelle eingestellt werden. Von einzelnen
Gegenstimmen wurde z. B. schon leichtfertigerweise behauptet,
die Gaswerke hätten doch das Interesse, gasverschwendende
Koch- und Heizapparate zu verkaufen, während doch unserer
Erfahrung nach nichts den Gasverbrauch mehr fördert,
als — neben guten zweckmäfsigen Einrichtungen —
die Einführung möglichst gassparender Leucht-
und Heizapparate. Gerade durch selbstangestellte Versuche, die leuchtkräftigsten und sparsamsten Apparate und
die zweckdienlichsten Fabrikate für den einzelnen Bedarf
festzustellen, wozu ein Gaswerk selbst doch in jeder Beziehung
vorzüglich eingerichtet ist, haben wesentlich mit dazu bei-
getragen, den Gasverbrauch namentlich in den letzten Jahren
so mächtig zu heben und die erfreuliche Rückwirkung eines
eigenen Apparateverkaufs haben selbst sehr grofse Gaswerke, die seither keinen solchen Verkauf mehr betrieben,
veranlafst, sich neuerdings wieder gröfsere Lager ein-
zurichten.

Insbesondere empfiehlt es sich, Gasöfen für Zimmer-
heizung, für Badeeinrichtungen und Heizapparate für gewerbliche und technische Zwecke aller Art auf ihre Leistung in
geeigneten Versuchsräumen vor deren Abgabe zu prüfen, um
sichere Anhaltspunkte für die Kosten des Betriebs zu geben
und der Zufriedenstellung der Konsumenten und der er-
wünschten Weiterempfehlung solcher Apparate sicher zu sein.
In dieser Richtung nicht aufmerksam bediente Konsumenten
können umgekehrt gerade diese für den rationellen Betrieb
besonders wertvolle Verwendung des Gases in Mifskredit
bringen!

Wenn die Verwaltungen der Gas- und Wasserwerke den
Verkauf der Apparate für Gasbeleuchtung und Heizung, so-

wie für Wasserversorgung vollständig aufgäben, dann würden sicher die Interessen der Anstaltsbetriebe empfindlich geschädigt werden. Die Beibehaltung dieses Verkaufs, wenigstens in angemessenem Umfang, empfiehlt sich auch schon um deswillen, weil den Verwaltungen dadurch die beste Gelegenheit gegeben ist, sich mit allen denkbaren Wünschen bezüglich Verwendung des Gases bekannt zu machen und sich nicht allein an der Einführung zweckmäfsigster Apparate erfolgreich zu beteiligen, sondern überhaupt einen guten Einflufs auf die Entwickelung der Apparatenkonstruktion auf Grund ihrer eigenen wertvollen Erfahrungen selbst auszuüben, und in dieser Richtung erfolgreich mitzuarbeiten. Ein solches Verkaufslager wird ja schon den hervorgehobenen Zwecken dienen, wenn es je nach Gröfse der Stadt eine angemessene vorbildliche Auswahl der jeweils empfehlenswertesten Apparate des Installationsfachs enthält; ein reichhaltig ausgestatteter Laden mit grofsen Schaufenstern braucht ein solches Musterlager ja nicht immer zu sein. Man hat es in Giefsen allerdings für angemessen gehalten, den Verkauf aller feineren und wertvolleren Beleuchtungsapparate, wie Gaskronen etc., durch das Werk einzustellen und wird sich auf den Verkauf einfachster, namentlich selbstgefertigter Lampen beschränken, der Verkauf aller übrigen Apparate des Installationswesens bleibt aber im Werk beibehalten. Gerade der Verkauf dieser wertvollen Beleuchtungsapparate wurde von Privatgeschäften ungern gesehen und da anzunehmen ist, dafs den oben gestellten Anforderungen bezüglich guter Auswahl und gebrauchsfertiger Montierung u. s. w. seitens der betreffenden Geschäfte bezüglich der Kronen vergleichsweise leichter entsprochen werden kann, so glaubte man hierin entgegenkommen zu sollen.

Dafs alle diejenigen Rohrleitungen, welche von Gas und Wasser in ungemessenem Zustand durchlaufen werden, nur durch die Gas- und Wasserwerke selbst ausgeführt werden dürfen, ist eine allgemeine wohlbegründete Vorschrift der Verwaltung. Hierzu gehören aufser den in städtischen und staatlichen Strafsen und im Privatbesitz — Wegen, Vorgärten und Höfen — liegenden Zuleitungen, die Einführungsleitungen

3*

durch die Umfangsmauern der Gebäude sowie alle Steigröhren und Verbindungsleitungen für die Gas- und Wassermesser bis etwa 1 m hinter dem Ausgang dieser Meſsinstrumente.

Aus Gründen einer ordnungsmäſsigen Verwaltung ist es nötig, daſs dieser wichtigste Teil der ganzen Einrichtung durch die Anstalten selbst ausgeführt wird. Diesem — vor dem Meſsapparat befindlichen — Stück der Rohrleitung muſs hinsichtlich dauernder Dichtheit in seinen Verbindungs- und Zweigstücken, hinsichtlich seines Schutzes gegen Frost und gegen Mauerdruck, seines Gefälles, seiner möglichst jederzeitigen Zugänglichkeit eine ganz besondere Aufmerksamkeit um so mehr geschenkt werden, als sich Verluste von Gas und Wasser, welche durch eine mangelhafte Ausführung solcher Teile der Leitung früher oder später entstehen — da sie die Meſsinstrumente noch nicht durchlaufen haben —, dem Konsumenten nicht so leicht bemerkbar machen und deshalb erfahrungsmäſsig nicht so prompt zur Kenntnis der Verwaltung gebracht werden, als es erwünscht wäre. Die Ausführung dieser Teile der Einrichtung selbst bietet in zahlreichen Fällen auch mehr örtliche Schwierigkeiten und könnte sich eine weniger sorgsame Ausführung derselben durch groſse Beschädigungen und Gefahren rächen. Es sei hier nur an die Folgen des Setzens von frischem Mauerwerk bei Neubauten erinnert.

Es mag in einzelnen groſsen Häusern gröſserer Städte sich empfehlen, sämtliche Gasmesser der einzelnen Mietwohnungen des Hauses in dem Keller oder im Erdgeschoſs nahe nebeneinander aufzustellen und für jedes einzelne Stockwerk des Hauses vom Gasmesserausgang ab eine besondere Steigleitung auszuführen, welche dann auch, weil sie gemessenes Gas enthalten, von Privatinstallateuren ausgeführt werden könnten. — Abgesehen von solch groſsen Verhältnissen, wo eine dauernde Aufsicht solcher Gasmesseranlagen etwa von einem Hausmeister oder dergl. erwartet werden kann, empfehlen sich meines Erachtens solche Einrichtungen für die meisten gewöhnlichen bürgerlichen und geschäftlichen Verhältnisse aber nicht. — Ein im Keller stehender Gasmesser erfährt, weil er auſserhalb des nächsten

Gesichtskreises des Wohnungsinhabers liegt, naturgemäſs nicht
die Aufmerksamkeit, die einem etwa auf dem Vorplatz seiner
Wohnung stehenden Gasmesser gesichert ist, zudem, wenn
sich der Mieter nicht veranlaſst sieht, allabendlich in den
Keller zu gehen und den Hauptabsperrhahnen zu schlieſsen,
nachdem er den in seiner Wohnung befindlichen, besonderen
Abstellhahnen derselben geschlossen hat. Auf diese Weise
sind aber — wie die Erfahrung lehrt — infolge unbemerkten
Schadhaftwerdens der Gasmesser schon an manchen Orten
folgenschwere Explosionen entstanden. Wo also nicht besondere Gründe der Hausverwaltung u. s. w. vorliegen, sollte
man die mit einer solchen unter Umständen bedenklichen Anordnung verbundene, ganz wesentliche Erhöhung der
Einrichtungskosten, welche den Hausbesitzern und in-
direkt den Mietern verursacht werden, doch ersparen; die
Einrichtungen sollen ja solid ausgeführt, aber auch nicht
unnützerweise verteuert werden! — Nach manchen
diesbezüglichen Äuſserungen will es mir scheinen, daſs das
System der Aufstellung aller Gasmesser eines Hauses im
Keller etc. auch um deswillen fast über Gebühr gelobt wird,
als damit eine wesentliche Verschiedenheit der Ansichten
zwischen Gasanstalten und Privatinstallateuren bezüglich Ausführung der Steigleitungen — allerdings auf Kosten der Haus-
eigentümer — beseitigt wird. Es mögen auch manche
gröſsere Anstaltsverwaltungen Wert darauf legen, die sämtlichen Gasmesseraufnahmen eines Hauses mit möglichst ge-
ringem Zeitaufwand, wie es erwähnte Anordnung gestattet, zu
erledigen — für die meisten mittleren und kleineren Verhältnisse halte ich jedoch gerade einen mit der monatlichen
Aufnahme verbundenen regelmäſsigen kleinen Besuch der
Konsumenten selbst durch einen Bediensteten der Anstalt und
die hiermit verbundene bequeme Gelegenheit, Kenntnis von
etwaigen Mängeln und Wünschen zu erhalten und Auskunft
erteilen zu können, für im besonderen Interesse der Konsumenten wie der Anstalt liegend. Solche oft vielfachen Steigleitungen in einem Haus, bieten in ihrer groſsen Zahl auch
oft örtliche Schwierigkeiten in der Ausführung, und zum
mindesten bildet eine solche Rohrwerksanhäufung keine be-

sondere Zierde. 3 bis 4 Steigröhren würden wohl die Regel
bilden, es gibt aber vielerorts auch Mietshäuser mit viel mehr
Wohnungen; wurde mir doch ein Fall erzählt, wo in einem
Hause einer berühmten Badestadt 16 Mietparteien — mit 16 Gas-
messern — wohnen!

Zu denjenigen Hausleitungen, welche ungemessenes
Wasser enthalten, gehören z. B. auch sog. Feuerlei-
tungen, deren Einrichtung aus örtlichen Gründen infolge
baupolizeilicher Verfügung dem Bauherrn auferlegt wird. Dafs
solche Leitungen, welche im Notfall einen Strafsenhydrant
oder eine Feuerspritze zu ersetzen haben, und in weiterem
Durchmesser und mit Rücksicht auf die jeweiligen Druck-
verhältnisse des Strafsenrohrnetzes, der leichten Bedienung
u. s. w. auch im Innern eines Grundstückes und Hauses
wohlerwogen angeordnet werden müssen, und für welche
seitens der städtischen Verwaltung das Wasser unentgelt-
lich zur Verfügung gestellt wird, in ihrer gesamten Ausdehnung im Interesse der Stadt und einer geordneten Anstalts-
verwaltung auch nur von dem städtischen Werk ausgeführt werden dürfen, ist ohne weiteres einleuchtend.

Kleinere Hausfeuerleitungen, welche mittels gemessenen
und bezahlten Wassers gespeist werden, kommen bei dieser
Ausnahme nicht in Betracht.

Insbesondere sind es Gründe betriebstechnischer
und wirtschaftlicher Natur, welche einen Mitbetrieb
des Einrichtungsgeschäfts für den Hauptbetrieb der Gas-
und Wasserwerke gebieten; es kommen hierbei andernfalls
weniger die Einbufse des Gewinnes am Einrichtungsgeschäft
als vielmehr die Verteuerung des Hauptbetriebs, die
Gefährdung der Sicherheit desselben und die
Schädigung der Interessen der Allgemeinheit in
Betracht! — Ein Gas- und Wasserwerk mufs stets einen gewissen Stamm gut geschulten zuverlässigen Arbeitspersonals
für die fortwährend vorkommende Ausdehnung des Strafsenrohrnetzes und der Hausanschlüsse, für Aufstellung und Auf-
nahmen der Gas- und Wassermesser, für Montierung und
Unterhaltung der Laternen, für Instandhaltung der Ventil-
brunnen sowie für die Einrichtungsarbeiten in den städtischen

Gebäuden ohnehin unterhalten. — Viele solcher Arbeiten
sind jedoch hinsichtlich ihres Auftretens und Umfangs so un-
regelmäßig auf das Betriebsjahr verteilt, daß sowohl Perioden
auftreten, wo der hierfür verwendbare Arbeiterbestand entweder zu knapp oder unter Umständen übermäßig bemessen
wäre, wenn nicht zwecks stets vollwertiger Ausnutzung solcher
Arbeitskräfte ein vom eigentlichen Anstaltsbetrieb hinsichtlich
der Zeit unabhängiger, in den Gesamtrahmen des Werks
passender Nebenbetrieb, wie das Installationswesen es aufs
wünschenswerteste ist, ausgleichen würde. Stehen, wie es so
häufig der Fall ist, Gas- und Wasserwerk unter gemein-
schaftlicher Verwaltung, so wären die hinsichtlich der
eigentlichen Betriebsarbeiten vorkommenden Ungleichheiten
im jeweiligen Bedarf von Arbeitskräften noch drastischer und
kostspieliger, wenn nicht der ganz naturgemäß hierzu sich ein-
ladende Geschäftszweig der Installation — wenigstens im
Umfang dieses ökonomischen Arbeitsausgleichs —
mit betrieben würde. — Wäre ein für alle denkbaren Vor-
kommnisse geschultes Personal aber nicht in einigermaßen
ausreichender Zahl vorhanden, so könnte dies bei eintretenden
Schwierigkeiten und Störungen im Betrieb unter Umständen
verhängnisvoll werden! Fassen wir z. B. nur einmal die
Störungen ins Auge, welche ein anhaltender heftiger Winter
verursachen kann; da haben wir selbst schon gleichzeitig
mehrere größere gefahrdrohende Straßenrohrbrüche — bei
stattgehabter Gaseindringung in hunderte Meter langen Straßen-
kanälen — unter festgefrorener Straßendecke unter Anwendung größter Vorsicht aufsuchen müssen, und trotz aller
öffentlich empfohlener Vorsichtsmaßregeln bezügl. Schutzes
der Hauswasserleitungen noch dazu massenweise eingefrorene
und beschädigte Hausleitungen aufzutauen und herzustellen
gehabt, so daß einigemal hunderte solcher Anmeldungen an
einem Tag vorlagen! Trotz unseres Hinweises, sich in
solchen außergewöhnlichen Fällen auch der »Privatinstallateure« zu bedienen, namentlich derjenigen, welche die betr.
Leitungen ausgeführt haben, hatte dies wenig Erfolg. Es
sind ja in solchen Zeiten nicht die häuslichen Störungen
und Arbeiten die schwierigsten, sondern gerade diejenigen,

die den Betriebswerken und ihren ausgedehnten, bei den
Wasserwerken oft viele Meilen entfernt ins Land
gehenden Gesamtanlagen selbst entgegentreten, welche
vermehrte Schutzmaßregeln bezw. Arbeitszeit in Anspruch
nehmen, wie das Flotthalten der Brückenüberführungen, der
Hydranten u. s. w. Selbst, wenn nach dem Vorschlag aus
den Kreisen der Privatinstallateure eine Gemeindeanstalt von
der Verpflichtung entbunden würde, ihren Dienst zu leisten
in solchen Fällen, wo sie die betr. Einrichtung nicht gefertigt hat, so würde ihr eine solche Weigerung sicher nicht
wohl anstehen, ja selbst als eine Ungefälligkeit betrachtet
werden; abgesehen von anderen möglichen Folgen bedenk-
lichster Art! — In Anbetracht z. B. unserer rd. 7000 K o n -
s u m s t e l l e n (Familien, Geschäfte, Anstalten u. s. w.) müßten
wir, um erforderlichen Falles die nötigste Abhilfe für unser
ganzes Arbeits- und Abnehmergebiet zweier ausgedehnter
Werke schaffen zu können, schon einen stattlichen Zuschlag
von sachkundigen Arbeitskräften machen, wenn wir die
S i c h e r h e i t u n s e r e r G a s - u n d W a s s e r w e r k s b e t r i e b e
n i c h t a u f s S p i e l s e t z e n u n d b e r e c h t i g t e n A n -
f o r d e r u n g e n u n s e r e r A b n e h m e r jederzeit entsprechen
wollten. Dieser nötigste Sicherheitsbestand von Arbeitern darf
doch nicht in den oben erwähnten flaueren Perioden etwa
unbeschäftigt bleiben oder gar auf Kosten der Gemeinde-
steuerzahler spazieren gehen; die Bezahlung eines solchen
Sicherheitsbestands schon in arbeitsflauen Perioden würde aber
die Betriebskosten ganz unverhältnismäßig verteuern — zum
Schaden der Allgemeinheit! — Da man in solchen unversehens
herantretenden Fällen zuverlässige und geschulte Arbeiter doch
auch nicht von der Straße holen kann, so würden die Leiter
und Beamten mit Rücksicht auf ihre V e r a n t w o r t u n g,
insbesondere aber auch auf die G e s e t z g e b u n g, in eine recht
peinliche Lage versetzt werden (vgl. z. B. § 136 des Gewerbe-
Unfallversicherungsgesetzes vom 30. Juni 1900), wenn nicht u n -
v e r z ü g l i c h aus dem Installationspersonal eine zuverlässige
Hilfsmannschaft entnommen werden könnte! Wie im rationellen
Gaswerksbetrieb auch kein Atom des unscheinbarsten Neben-
erzeugnisses, keine Schlacke, kein Koksstaub und keine Asche

der Glühkörper unverwertet bleibt, so darf auch keine Arbeits-
stunde des gesamten Personals dem Werke unausgenutzt verloren gehen!

Wenn es schon, wie oben erläutert, im Interesse der Gasanstalt wie der Konsumenten liegt, wenigstens eine be-
schränkte, aber mustergültige Auswahl von Gasbeleuchtungs-
bezw. Gaskoch- und Heizapparaten u. s. w. zum Verkauf auf
Lager zu halten, so gestaltet sich dieser Vorteil noch viel
wirksamer durch die Beteiligung der Werke an der Ausführung von Hausleitungen selbst. Wäre es überhaupt denk-
bar, daſs sich alle Anstalten dem Wunsche der Privatinstallateure blindlings beugen und sich des Einrichtungsgeschäfts
auf einmal gänzlich enthalten wollten, dann würde die
der Weiterentwickelung des gesamten Installationswesens so
förderliche Verbindung zwischen Produzent und Konsument ge-
lockert, ja vielfach gänzlich unterbrochen werden, die wirk-
samste Gelegenheit zu nützlichem Gedankenaustausch wäre
genommen; das technische Personal der Werke würde kaum
noch Kenntnis erhalten von den mancherlei Bedarfszwecken
und Wünschen der Konsumenten, und so würde manche An-
regung zur Vervollkommnung der Einrichtungen wie der
Apparate — namentlich auch für gewerbliche Zwecke — unter-
bleiben. Der so zu sagen von Haus aus besonders berufene
Mitbewerber in der Ausführung zweckdienlicher Einrichtungen
und Konstruktionen würde fehlen in einem geistigen Wett-
kampf, welcher der weiteren Ausbildung des ganzen Fachs
nur förderlich sein könnte, das gänzliche Aufgeben der
Installation seitens der Gas- und Wasserwerke würde ferner
ohne Zweifel die Entstehung einer übergroſsen Menge auch
minderausgebildeter und minderleistungsfähiger Installationsgeschäfte und damit ein ungesundes Herabdrücken der Preise
zur Folge haben, womit den besseren Privatinstallateuren
schlecht gedient wäre!

Es liegt daher sicher im Interesse der Heranbildung
eines tüchtigen Installateurstandes im allgemeinen,
wenn die Gas- und Wasserwerke das Einrichtungsgeschäft
mitbetreiben und allerorts wenigstens einer gewissen Anzahl
solcher Arbeiter ihre gründliche und vielseitige fachmännische

Ausbildung angedeihen lassen, denn solche lehrreiche Arbeits-
stellen, wo Erzeugung und Absatz des Produkts so innig ver-
bunden sind wie bei den betr. Werken, wo die Ausführungen
im einzelnen so sorgsam erwogen und überwacht werden, wo
aus einer solchen Fülle von langjährigen Erfahrungen und
regen Gedankenaustauschs in Wort und Schrift solch wertvolle Lehren für die Praxis geboten werden können, dürfte
es anderswo kaum mehr geben! Das wissen ja auch die Inhaber von Privatgeschäften ebenso wohl zu würdigen wie die
kleineren Gaswerke selbst, welche, um ihre Betriebe einträg-
licher zu machen, mit Vorliebe und gutem Erfolg derartig
ausgebildete Leute zu gewinnen suchen. Durch Zuführung
solcher Kräfte in die Installationsarbeit können aber alle
Beteiligte, auch die Privatinstallationsgeschäfte, nur gewinnen! — Und noch etwas besonders Gutes für alle ist bei
dem Mitbetrieb des Einrichtungsgeschäfts durch die Anstalten
gewährleistet. Dieser Mitbetrieb bietet, wie schon bemerkt,
nicht nur einen gewissen Schutzdamm gegen die Entstehung
einer übermäfsigen Zahl minderleistungsfähiger Geschäfte und
deren Folgen, sondern auch gegen eine etwaige — Ringbildung seitens der Privatinstallateure. Solche »Ringe«
werden ja meist bekämpft und gefürchtet von den Konsumenten, letztere werden sicher nicht immer so ideal von
den Privatinstallateuren denken, dafs sie bei diesen eine Ringbildung bezügl. der Preisgestaltung und der Qualitäten für
ausgeschlossen halten. Angesichts des Bestehens behörd-
lich genehmigter Preise für das Installationswesen einer
Gemeindeanstalt, welchen auch geschäftskluge Privatinstallateure gebührende Beachtung schenken müssen, fallen
aber alle derartige Befürchtungen weg. Ein jedermann zu-
gänglicher »Tarif der Gemeindeanstalt« schützt also
sowohl die Interessen der Konsumenten ebensowohl wie diejenigen der Privatgeschäfte.

Insbesondere ist im Interesse der Anstalten wie der Konsumenten eine Ringbildung bezügl. der von Privatgeschäften
zur Einführung kommenden »Warenqualitäten« zu bekämpfen. Im Zusammenhang hiermit könnten gerade die
bewährtesten preiswürdigsten Fabrikate vom Markt

ausgeschlossen werden! — Betrachten wir z. B. die besondere
Bedeutung des millionenfach zur Verwendung kommenden
Glühkörpers, dessen Fabrikate immer zahlreicher und
dessen öffentliche Empfehlungen immer reklamenhafter werden.
— Wer von allen Verkäufern sollte besser mit den erforderlichen Instrumenten und Einrichtungen, mit einem wertvolleren Versuchsfeld ausgerüstet sein zur Feststellung
der Leuchtkraft, der Wetterbeständigkeit und Lebensdauer
eines Glühkörpers, als es eine Gasanstalt — neben ihren Hof-
und Fabrikräumen — gerade in ihrer ausgedehnten Straßen-
beleuchtung besitzt, welche alle dabei in Betracht
kommenden Eigenschaften der Standorte — windstille,
dem Zug und Sturm ausgesetzte, standfeste und heftiger Erschütterung unterworfene — aufweist? Schon eine solche
Betrachtung muß die Konsumenten wünschen lassen, beim
Kauf ihrer Beleuchtungsbestandteile in der Auswahl der
Fabrikate nicht allzusehr beschränkt zu sein. Es darf doch
jedem Konsument die Gelegenheit bleiben, das kaufen zu
können, was von berufener Stelle aus bester Überzeugung
empfohlen wird. — Und wäre es nicht eine schreiende Un-
gerechtigkeit, Firmen, welche sich um die Entwicklung
der Beleuchtungsapparate u. s. w. besonders verdient
gemacht haben, den Markt zu verschließen!?

Und nun ein anderes beachtenswertes Bild! Eine aus
Mitteln der Gemeinde neu erbaute oder eine aus gleichen
Mitteln gekaufte ältere und alsdann im Laufe der Jahre vielleicht wiederholt erneuerte und erweiterte produktive Anstalt
hat selbstverständlich auch für die Gesamtheit gewinnbringend
zu arbeiten. Je nach der Höhe des jährlichen Betriebs-
überschusses dieser Anstalten regelt sich die Gemeindesteuer.
Manche ältere, ursprünglich im Privatbesitz gewesene Gaswerke wurden nach Ablauf der Vertragsperiode im wohlerwogenen Interesse der Stadt von dieser erworben zu einem
im Sinne des städtischen Beleuchtungsvertrags zu berechnenden
Kaufpreis. Es ist nicht immer der bauliche Zustand des
alten Werks allein, in welchem sich dasselbe nach Ablauf des
Vertrags befindet, der nach Sinn und Wortlaut des Vertrags
beim Verkauf in Betracht kommt, sondern um den »wirk-

lichen, der Gasanstalt innewohnenden Wert« festzustellen,
wie es z. B. in Giefsen Rechtens war, mufste neben anderen
auch der ganze Ertragswert der Anstalt — also auch der
Ertrag des Gaseinrichtgeschäfts — angemessen wert-
erhöhend den Betrag des Kaufpreises mitbestimmen —, und
das geschah eben auch zu Lasten der Stadtkasse, in welche
nicht nur die »Steuergroschen« einer vergleichweise kleinen
Zahl von Installateuren u. s. w., sondern der gesamten
steuerzahlenden Einwohnerschaft fliefsen. Ähnlich
werden die Verhältnisse auch in vielen anderen Städten liegen.
Wäre es da korrekt verfahren, wenn man schon nach
16 Jahren städtischen Betriebs sich des s. Z. aus allgemeinen
städtischen Mitteln erworbenen Geschäftszweigs zu Gunsten
einer Minderheit gänzlich entäufsern wollte?

Würde z. B. ein Spengler, welcher ein Ladengeschäft ge-
kauft hat, dessen Nutzwert u. a. auch durch den Mitverkauf
von Petroleum und Spiritus erhöht und anständig mit bezahlt
wurde, sofort den Verkauf dieser Brennmaterialien aufgeben,
wenn sich die übrigen Petroleum- und Spiritushändler darüber
beklagen?

Wollten alle Gaswerksbesitzer, Gemeinden, Gesellschaften
und Privatbesitzer, der Zumutung wie sie die Privatinstallateure, Spengler u. s. w. in vollstem Umfang stellen, blindlings Folge leisten, hiefse das deshalb nicht auf Millionen
wohlerworbenen Kapitalwerts freiwillig Verzicht leisten —
einerlei, ob die Werke in seitherigem Besitze bleiben oder ob
sie zu gekommener Zeit verkauft werden? — Der Erschütterung
solcher Werte durch ein noch so ungestümes Vorgehen der
betr. »Fachvereinigungen« werden die zahlreichen Besitzer
Widerstand zu bieten und Schutz zu finden wissen. —
Rechnet man zu vorstehenden, unmittelbaren Wertverlusten
aber noch die Einbufsen, welche einem leistungsfähigen Gaswerk durch das Lahmlegen eines Teils seiner werbenden
Kräfte dauernd verursacht werden, so vermehren sich die
Wertverluste ins Ungemessene! — Es ist sicher nicht allen
Laien bekannt, dafs die in gewissen Zeitabschnitten
unvermeidlich werdenden kostspieligen Ver-

gröfserungen der Gas- und Wasserwerksanlagen sich nicht nur auf das jeweils zahlenmäfsig vorliegende Bedürfnis beschränken dürfen, sondern dafs hinsichtlich der räumlichen Anordnung, der Gröfse der Betriebsapparate, der Weite der Rohrleitung u. s. w. aus triftigen Gründen eine gewisse spätere tägliche Höchstleistung zu Grunde gelegt werden mufs, und dafs meist auf Jahre hinaus diese Anlagen nicht vollwertig ausgenutzt werden können. Ein gewisses abgemessenes Tempo in Erreichung der vollen Ausnutzung der jeweiligen Anlage — insbesondere der so rentablen Förderung des Tagesgasverbrauchs gehört aber gleichwohl zum Gedeihen eines erweiterten Wertes. Hier ist es insbesondere das eigene Installationspersonal mit seiner langjährigen örtlichen Erfahrung, welches als treue Trabanten der Verwaltung in ihrem Streben nach Erweiterung des Konsumgebiets die besten Dienste leistet. — Es kann ja den Privatinstallateuren nicht zum Vorwurf dienen, und darf dieselben auch nicht verstimmen, wenn wir davon überzeugt bleiben, dafs für die Förderung des Gasverbrauchs wir unser eigenes Personal für das geeignetste halten, und dafs die Privatinstallateure und Verkäufer von Gasverbrauchsgegenständen in erster Linie naturgemäfs bestrebt sind, aus ihrer besonderen Tätigkeit möglichst guten Verdienst zu erzielen. Es ist eine statistische Tatsache, dafs an zahlreichen Orten, wo die Gaswerke infolge ungenügender Gasabgabe schlecht rentierten, seit eigenem energischen Mitbetrieb der Gasverbrauch sich alsbald wesentlich vermehrte, ja in einzelnen Städten innerhalb 2 bis 3 Jahren mehr wie verdreifachte!

. Insbesondere können auch die Vertrauensmänner unserer Berufsgenossenschaft aus ihrer Beobachtung von den kleinsten Gaswerken ihres Bezirks ähnliche Erfolge bestätigen. Es werden ja gegenwärtig viel mehr als in früheren Jahren auch kleinere Orte der Annehmlichkeiten, welche das Bestehen eines Gaswerks im Gefolge hat, teilhaftig gemacht. Es würde auch in dieser erfreulichen Erscheinung ein Rückschritt eintreten, wenn durch Entziehung der eigenen Installationstätigkeit der Bau zahlreicher kleiner Gasanstalten erschwert und die Entfaltung der Gasindustrie gehemmt würde!

Ohne in vorstehendem alle Gesichtspunkte hervorgehoben zu haben, von welchen aus die allzuweit gehenden Wünsche und Forderungen der Privatinstallateure unserseits betrachtet werden können, so dürften sie zur Beurteilung der Sache, soweit der eingangs erwähnte »andere Teil« hierzu gehört, vorläufig doch genügen. Ich will aber diese Arbeit einem weiteren Kreise nicht vorlegen, ohne noch anzuführen und den Privatinstallateuren ins Gedächtnis zu rufen, welche Vergünstigungen und Zugeständnisse z. B. unser städtisches Gas- und Wasserwerk Giefsen bezw. unsere Stadtverwaltung seit Übergang des Gaswerks in den Besitz der Stadt eingeräumt hat, als Formen des Entgegenkommens, nicht allein gegen die Konsumenten, sondern namentlich auch gegen die Privatinstallateure, dessen Würdigung ich auch bezüglichen Schwesteranstalten empfehle. 1. Hauszuleitungen auf der Strafse bis zur Grenze des Privateigentums werden (sofern sie nicht von ganz aufsergewöhnlicher Länge sind) stets auf Kosten des Werks gefertigt, ganz einerlei, ob die innere Gas- oder Wassereinrichtung von dem Werk oder einem Privatinstallateur ausgeführt wird. 2. Die Privatinstallateure dürfen Leucht- und Heizgasleitungen vom Mefsinstrument ab ausführen, überhaupt auch solche Einrichtungen fertigen, für welche das Gas zu ermäfsigtem Preis berechnet wird, selbstverständlich unter Beobachtung bezüglicher Vorschriften und unter Ausschlufs etwaiger Miete- und Gasautomateneinrichtungen, die ja ihrer Natur nach nur von der Anstalt ausgeführt werden können. 3. Unser Werk hat den Verkauf wertvoller Beleuchtungsapparate (als Gaskronen u. s. w.) gänzlich aufgegeben, auch die öffentlichen Anzeigen der übrigen Einrichtungsteile ihres Lagers auf das nötigste beschränkt. 4. Wir gehen keinen Aufträgen auf Einrichtungarbeiten nach und beteiligen uns nur dann an Konkurrenzen, wenn wir eigens hierzu aufgefordert werden; wir übernehmen überhaupt nur Einrichtungsarbeiten, zu deren Ausführung wir vom Auftraggeber freiwillig aufgefordert werden. 5. Wir betreiben nur in dem Umfang das Einrichtungsgeschäft mit, als es der oben erwähnte, im Interesse des Betriebes ohnehin benötigte Sicherheitsbestand unseres Personals möglich macht und un-

abweisbare Aufträge dies empfehlen. 6. Wir weisen alle Aufträge auf Einrichtungen zurück, welche nicht mit u n s e r e r
städtischen Gas- und Wasserversorgung im Verbindung stehen,
so belangreiche Aufträge auch seither aus nächster Nähe wiederholt an uns herantraten. 7. Wir halten — innerhalb gebotener
Grenzen — auf Angemessenheit der Preise, welche zuverlässigen Privatbewerbern nicht empfindlich sind und sie deshalb an keiner Mitbewerbung hindern. 8. Es verdient kaum
besonders aufgeführt zu werden, dafs wir — innerhalb der
Grenzen des Zulässigen — allen Privatgeschäften, soweit
solche es wünschen, nach wie vor durch gewünschte Beratung
und gelegentliche Aushilfen aus unserem Materialbestand gerne
an die Hand gehen. 9. Bei dem Einkauf unseres Bedarfs an
Materialien und Waren für unser Einrichtungsgeschäft berücksichtigen wir v o r z u g s w e i s e ortsansässige Fabrikanten,
Handlungen und Handwerker und fördern dadurch deren
Steuerkraft. 10. Nur ortsansässige Bewerber können um Zulassung als Installateure nachsuchen, um den am Versorgungs-
ort wohnenden Geschäftsinhabern eine drückende Konkurrenz
durch aufserhalb wohnende Firmen fernzuhalten, welche in
Giefsen selbst weder Ausgaben für Werkstättenmiete, noch
Steuern zu leisten haben. Das sind die im Verlaufe von n u r
16 J a h r e n städtischen Besitzes seitens einer einsichtsvollen
Stadtverwaltung unter zuständiger Mitwirkung ihrer Anstaltsdirektion veranlafsten Umgestaltungen unseres Einrichtungswesens, die ich Ihrer Würdigung überlasse.

Solange die Verhältnisse, welche für die Grundsätze bezüglich des Einrichtungsgeschäfts einer kleineren oder mittleren Stadt mitbestimmend sind, sich nicht w e s e n t l i c h
ändern, dürfte im allgemeinen auch keine Veranlassung vorliegen, hinsichtlich vorstehender Formen der Zugeständnisse
an Privatinstallateure etwas zu ändern, es müfste denn die
überwiegende Mehrheit einer städtischen Bevölkerung, insbesondere die bestellenden und konsumierenden Verwaltungen,
Hausbesitzer und übrigen interessierten Einwohner, d u r c h
N i c h t b e s c h ä f t i g u n g d e r G e m e i n d e a n s t a l t mit Einrichtungsarbeiten u. s. w. ihr folgenschweres Veto einlegen;
doch ist u. E. in allen, einer gesunden Gesamtentwickelung

sich erfreuenden Städten weder auf diese Weise eine Beseiti-
gung des Installationsbetriebes der Anstalten zu befürchten,
noch auf dem bereits in Vorschlag gebrachten Weg der Gesetzgebung. — Etwas anders liegen ja die Verhältnisse in den Gas-
und Wasserwerken ungleich größerer und größter Städte, wo
ein Betrieb des Einrichtungsgeschäfts in vergleichsweise gleicher
Vollständigkeit wie an kleineren Plätzen sich weniger an die
riesigen Verhältnisse des Hauptbetriebs anschmiegt. Übrigens
sind auch in den meisten größeren Städten größere gut aus-
gerüstete, von Spezialisten geleitete Installationsgeschäfte für
alle vorkommenden Anforderungen in ausreichender Zahl zur
Verfügung. Und doch können auch hier, wie die Tatsachen
beweisen, besondere Verhältnisse obwalten, die eine städtische
Verwaltung, eine Anstaltsdirektion, im wohlerwogenen Interesse
der Allgemeinheit bestimmen, sich am Einrichtungsgeschäft
mit zu beteiligen. — Doch wie ich einerseits der Ansicht bin,
unter den gegenwärtigen Verhältnissen durch oben aufgeführte
rücksichtsvolle Formen der Privatinstallation gegenüber das
möglichste Entgegenkommen gewährt zu sehen, so bin ich
aber auch anderseits der Meinung, daß gerade den Vertretern
des Gas- und Wasserfachs und ihren Organen
namentlich noch geistige Mittel und Wege zu Gebote
stehen, zur Hebung des gesamten Installationsfachs
und damit namentlich auch des Standes der Privatinstallateure in wirksamster Weise beizutragen
und dadurch denselben auch in seinen seitherigen schwächeren
Vertretern allmählich durchgebildeter, kräftiger und namentlich auch »vertrauenerweckender« zu machen; wir würden
damit gerade die Wunden heilen helfen, welche auch
von einsichtsvolleren und einflußreicheren eigenen Vertretern der Fachvereinigung am schmerzlichsten
empfunden werden. Eine wohlwollende Mitwirkung in
dieser Richtung ist um so empfehlenswerter, als sonst
die auf diesem Gebiete angefachte und nicht überall
in besonnenem Geleise befindliche Bewegung Auswüchse
zeitigen würde, die weder dem Installationsfach zur Gesundung,
noch den verantwortlichen Vertretern der Anstalten zur Freude
gereichen würden. — Ich möchte mich hier nur auf die An-

regung weniger Punkte beschränken, deren Beachtung m. E.
von heilsamstem Einfluſs auf die Entwickelung eines gesunden
Gesamt-Einrichtungswesens und deshalb namentlich auch auf
die Heranbildung tüchtiger Lehrlinge und Gesellen
wäre. Die vom Magistrat einer Stadt zur Ausführung von
Anlagen im Anschluſs an die städtischen Gas- und Wasserwerke
zu erteilende Zulassung erfolgt in der Regel nach vom Gesuch-
steller erbrachtem Befähigungsnachweis, worüber die
betr. Anstaltsleitung zu befinden und zu berichten hat. Der
»Bildungsgang« solcher Bewerber ist nun ein so verschieden-
artiger, die Zeugnisse, namentlich auch solche über gefertigte
»Einrichtungen« ausgestellt von Laien, sind oft weder ausreichend noch maſsgebend, eine etwa eigens zur Beurteilung
der Befähigung des Gesuchstellers anzuordnende Probeein-
richtung aber wäre für gewöhnliche Verhältnisse der Kosten
und der hinsichtlich des Ausgangs zu befürchtenden Umständ-
lichkeiten wegen kaum durchführbar, daſs hier ein Ausweg
gefunden werden müſste, der dem Bewerber keine zu groſse
Härte auferlegt, der gebotenen Vorsicht aber Rechnung trägt.
Ich möchte deshalb vorschlagen, seitens unseres Faches anzustreben, daſs nur selbständige Installateure, welche
im Sinne des § 133 der Gewerbeordnung für das Deutsche
Reich in der Fassung vom 30. Juni 1900 den »Meistertitel«
zu führen berechtigt sind und nach § 129 der G. O. f. d. D. R.
die Befugnis zur Anleitung von Lehrlingen erworben
und die Meisterprüfung bestanden haben, städtischerseits
zum Installationsbetrieb zugelassen werden dürfen. Da eine
gleiche Qualität des Geschäftstreibenden auch von der
»Freien Vereinigung deutscher Installateure etc.« angestrebt
wird (vergl. Düsseldorfer Verhandlungen vom 9. Juni 1902),
so gingen wir dann wenigstens bezüglich des »Befähigungs-
nachweises« erfreulicherweise einig! Würden diese Anregungen Beschluſs werden, so würde für die Folge die Quelle
mancherlei Schwierigkeiten und Verdrusses für alle Beteiligten wirksam verstopft werden. Bei Vornahme der
Meisterprüfungen für das Installationsfach könnte alsdann
der örtlichen Vertretung unseres Hauptvereins, event. seiner
Zweigvereine, ebenso auch Vertretern der »Fachvereini-

gungen der Installateure« eine gewisse Mitwirkung eingeräumt werden.

Auch bezüglich geeigneten, dem heutigen hochentwickelten Standpunkt des gesamten Installationsfachs entsprechenden Unterrichts- und insbesondere mustergültigen Vorlagenmaterials für Handwerkerund gewerbliche Fortbildungsschulen könnte dem, dem unseren so nahe verwandten Fache jetzt vielleicht mehr Interesse und Förderung zugewendet werden in Anbetracht der Tatsache, daſs sich in der Jetztzeit mehr junge Leute dem hinsichtlich Gesundheit und Behaglichkeit unserer Wohnungen so wichtigen Installationsfach zuwenden als früher. Diesen würde hierdurch frühzeitig ein besserer Einblick in die vielerlei Anforderungen dieses doch nicht so ganz einfachen Handwerks gegeben, wie vorerwähnten Bewerbern selbst durch die vorgeschlagene wohlangebrachte verschärfende Form der Zulassungsbedingung die hohe Bedeutung ihres Berufes, von dessen kunstgerechter Ausübung nicht nur der Schutz wertvollen Eigentums, sondern unter Umständen weit höherer Güter abhängt, noch wirksamer eingeprägt würde. Bei der sichtlichen Entwickelung vieler Städte und dem regen Bauwesen, welches an vielen Orten herrscht, dürfte — unbeschadet unserer zur gedeihlichen Entwickelung der Gas- und Wasserwerke unumgänglich erforderlichen Mitbeteiligung an dem Einrichtungsgeschäft selbst — noch Raum und Arbeitsgelegenheit für zahlreiche aber tüchtige, leistungsfähige und fachgewandte Installateure sich bieten, sofern sie in der Wahl ihrer Niederlassungen den bereits ansässigen Bestand nicht auſser Betracht lassen. Sind solche Leute aber an gewisse Orte gebunden, so bleiben sie u. E. besser bei leidlich gutem regelmäſsigen Verdienst »Mitarbeiter« bestehender älterer Geschäfte, als daſs sie es unternehmen, durch eigene Geschäftsgründung die Preise verschlechtern zu helfen und den Stand des Faches herabzudrücken. Von diesem sozialen Gesichtspunkt aus sollten auch die Zulassungsbedingungen nicht allzu leicht gestellt werden. Sofern weniger kapitalkräftige, aber tüchtige und zuverlässige Kleinmeister dies aus besonderen Gründen wünschen, lieſsen sich dagegen ja auch gerade in den Gemeindeanstalten u. s. w. Einrichtungen treffen, welche ersteren ihren Geschäftsbetrieb erleichtern, sei es durch deren gelegentliche aushilfsweise Mitbeschäftigung oder durch billigeren Bezug von Lagerbeständen. Dafs nur ortsansässigen Geschäfts- inhabern die Ausführung von Einrichtungsarbeiten zu gestatten sei, gehört, wie oben begründet, auch mit zur Gesundung der Verhältnisse. — Ob auf einen städtischen Beamten z. B., der von Gedanken wie die vorstehend zum Schutze eines tüchtigen Handwerkerstandes entwickelten, beseelt und bereit ist, soweit dies in seiner schwachen Kraft liegt, dieselben in die Tat übersetzen zu helfen, die folgende wörtliche Stelle einer Beschwerdeschrift Anwendung finden kann, welche — unter Bezugnahme auf die der Organisation des Handwerks gewidmete warme Teilnahme, welche von Sr. Majestät dem Kaiser beim Schlufs des Reichstages 1897 kundgegeben wurde — wie folgt lautet:

» . . . Während so die Gesetzgebung die berechtigten Wünsche des Gewerbestands zu berücksichtigen bestrebt ist, und während diese Wünsche in den breitesten Schichten der Bevölkerung geteilt und anerkannt werden, scheint einzig die Gaswerksverwaltung von dieser Bewegung nichts wahrgenommen zu haben . . .«
bleibe nun der gewissenhaften Selbstprüfung der betr. Fach- vereinigung überlassen.

Indem wir Fachgenossen bestrebt sind, unsern guten Ein- flufs auf die Förderung der Tüchtigkeit und Leistungsfähig- keit des Installateurstandes auszuüben, so müssen wir auch schon dieserhalb auf gewissenhafte Einhaltung der bezüglichen »Vorschriften« halten. Die vom Deutschen Verein von Gas- und Wasserfachmännern im Jahre 1902 aufge- stellten »Verordnungen und Vorschriften etc.« bieten ohne Zweifel die beste Unterlage für bezügliche Ortsvor- schriften. — Ob für Ausführungen von besonderer Wichtig- keit — wie die Abführung von Verbrennungsgasen aus Bade- und Heizöfen u. s. w. und die Aufhängung besonders schwerer Gaskronen und deren periodische Prüfung — es sich mit Rücksicht auf den wachsenden Andrang zum Installateur- beruf nicht noch empfehlen dürfte, besondere »Polizei-

verordnungen« zu erlassen, möchte ich hierbei nur erinnert
haben; es würde durch solche verschärfte Maſsregeln die besondere Bedeutung des Installationsberufs namentlich auch
den zahlreichen Neulingen auf diesem Arbeitsgebiet wirksamer
zum Bewuſstsein gebracht werden.

Schluſswort anstatt »Vorwort«.

»Unsere Zeitentwickelung verbietet die nur
einseitige Verfolgung wirtschaftlicher Interessen«; auch auf diesem Gebiet gilt das Wort
von »Leben und Lebenlassen«.   K.

Vorliegende Arbeit entstand in zusammenhanglosen späten
Abendstunden, weshalb die einzelnen Betrachtungen nicht
immer so scharf abgegrenzt erscheinen, wie es der Fachmann
vielleicht erwarten durfte. Wenn ich in meinem vorjährigen,
auf der »Mittelrheinischen Gas- und Wasserfachmänner-Ver-
sammlung« in Freiburg i. B. gehaltenen Vortrag mich in
der zugemessenen Zeit insbesondere nur an unsere Vereins-
mitglieder wenden konnte, so fand ich es zweckmäſsig, in
der vorliegenden, damals zugesagten erweiterten Form — der
inzwischen fortgeschrittenen Bewegung wegen — mich an
einen gröſseren Leserkreis zu wenden. Deshalb dürfte die
gewählte Form und eine eingehendere Begründung
einzelner Sätze gerechtfertigt erscheinen. Ich wende mich
also in diesen Zeilen nicht allein an meine besonderen Fachgenossen, sondern auch an die Vertreter des mit dem unsrigen
aufs innigste verwobenen Fachs der Installateure, auch an
solche Vertreter städtischer Verwaltungen, welche als solche
vielleicht früher oder später berufen sind, in einer für das
Gedeihen städtischer Anstalten so wichtigen Lebensfrage mit
zu entscheiden.

Insbesondere von den einsichtsvollen Vertretern der
Gegenseite, welchen wohl auch eine umfassendere Kenntnisnahme unserer Ansichten erwünscht sein dürfte, habe ich die
gute Meinung, erwarten zu dürfen, daſs sie die Sachlichkeit,
welche mich bei diesen Betrachtungen leitete, und das Wohl-
wollen, welches mich auch für die verwandten Fachgenossen,
insbesondere die Handwerker beseelte, bestätigen werden. Sie

werden einräumen, daſs es keine unlauteren Beweggründe
sind, welche Vertreter der Gasindustrie mit Wärme einen
wertvollen Besitzstand verteidigen lassen, wie es der unter
solcher Obhut durch Generationen hindurch erfreulich ent-
wickelte und ausgebildete Geschäftszweig der Installation ist,
und sie werden auch mitempfinden, daſs ein Direktor, welcher
dem seiner Leitung anvertrauten, der Allgemeinheit dienenden
Werk, eine zu dessen Gedeihen nötige Lebensader nach
Kräften zu erhalten sucht, n u r seine Schuldigkeit tut, zudem
diesem durch einen solchen Mitbetrieb sein Amt n i c h t e r -
l e i c h t e r t wird und er nur in dem Bewuſstsein treuer Pflicht-
erfüllung dafür hinreichenden Lohn findet. — Der diesem
Schluſswort vorangesetzte Wahlspruch ist zwar nur aus der
Textesstelle einer erfreulichen zustimmenden Zuschrift eines
hochgeachteten lieben Kollegen gebildet, aber im Sinne dieser
seiner Worte werden sowohl die mächtigsten Reiche leidlich
gut regiert, wie die bescheidensten Haushaltungen zur Erträg-
lichkeit besorgt. So wollen auch wir — der »e i n e u n d d e r
a n d e r e Teil«, welche meiner Einleitung entsprechend
z u h ö r e n s i n d — hoffen, daſs durch möglichst sachlichen
Gedankenaustausch eine »A u s g l e i c h s l i n i e« der sich wider-
streitenden Interessen finden wird. — Und deshalb:

»M e h r L i c h t !« — der sachlichen Beurteilung aller in
                Betracht kommenden Verhältnisse,
                — keine einseitige Beleuchtung!

»M e h r W ä r m e !« — wohlwollenden Mitgefühls für unsere
                schwächeren Nebenmenschen; auch
                gerechtere Würdigung pflichttreuer
                Gegner!

»M e h r K r a f t !« — der Förderung und Gesundung des
                gesamten Installationsfachs, nament-
                lich auch durch Heranbildung eines
                tüchtigen Arbeiterstandes!

www.ingramcontent.com/pod-product-compliance
Lightning Source LLC
Chambersburg PA
CBHW031455180326
41458CB00002B/776